儿童茶艺指导用书

（幼教版·上册）

主编／大可 景萍
副主编／赵庆 陈晨
编者／燕盈 武晶 王春燕
马越 杜文婷

山东城市出版传媒集团 济南出版社

图书在版编目（CIP）数据

儿童茶艺指导用书：幼教版 / 大可, 景萍主编. --济南：济南出版社, 2018.11

ISBN 978-7-5488-3469-4

Ⅰ.①儿… Ⅱ.①大…②景… Ⅲ.①茶艺—中国—儿童读物 Ⅳ.①TS971.21-49

中国版本图书馆CIP数据核字（2018）第251641号

儿童茶艺指导用书（幼教版·上册）

主编　大可　景萍

出 版 人	崔　刚
责任编辑	贾英敏　刘召燕
装帧设计	张　倩　陈　雪
音乐制作	宝栞（古琴演奏）　David（录音）　张以秋（钢弦演奏）
编　　曲	燕　盈
朗　　诵	姬世玉　李媛媛　郑云榕　侯俣泽
演　　唱	郑云榕　侯俣泽
出版发行	济南出版社
地　　址	山东省济南市二环南路1号（250002）
编辑热线	0531-86100291
发行热线	0531-86131728　86922073　86131701
印　　刷	济南龙玺印刷有限公司
版　　次	2018年11月第1版
印　　次	2018年11月第1次印刷
开　　本	170mm×240mm　16开
印　　张	17.75
彩　　页	24
字　　数	196千
印　　数	1-3000册
定　　价	157.00元（全三册）

（济南版图书，如有印装错误，请与出版社联系调换。电话：0531-86131736）

行茶中多了一份凝神淡定，多了一份平心静气。冲一壶好茶，茶香的甜美在这倾倒中缓缓流入心田。

一茶一叶一世界，手捧青葱，茶香芬芳。忘记了城市喧嚣、车水马龙，眼中只有那片片茶叶情，仿佛已经嗅到茶香，这就是整个甘醇宁静的生活。

坐对当窗木，看移三面阴，这是多么美好的时光。没有人前人后，有的，只是一颗事茶之心。

　　一杯茶，是茶与水的交融；一杯茶，是心与情的交融。对茶当歌，恭敬地捧起茶杯，接住那一份关不住的茶香，感受暖阳微醺的友情，在行茶中学会彼此尊重和关爱。

在行茶十式的细节中体会茶文化中的尊重、理解、关怀和珍惜。在行茶中，学会懂感恩、知回报，做一个知礼行礼、有爱心关怀的智慧少年。

认真清洗一杯一盏，洁净的茶具表达了对客人的尊重。

静静细数一片一叶在水中浮沉,静静期待一品茶香。

在习茶时,沉下身心,少些浮躁,培养孩子良好的学习习惯。这才是让幼儿学茶礼、习茶艺的真正意义。

习茶需要安静的环境，泡茶需要孩子协调动手，这可以锻炼孩子的心性，提高孩子学习和做事的专注度。

自然的叶，朴素的茶，纯净的心。远离城市喧嚣，褪去毛躁，修炼静雅。

前 言

中国乃四大文明古国之一，五千多年的中华文化源远流长。茶的故乡在中国，茶文化是中国传统文化的重要组成部分，是中国人生活中不可缺少的一部分。历史上赫赫有名的丝绸之路、茶马古道，都与茶文化息息相关。

我国著名教育家陈鹤琴先生曾提出："活教育"的目的即在于"做人，做中国人，做现代中国人"。《幼儿园教育指导纲要（试行）》（后简称《纲要》）中也提到：要引导幼儿实际感受祖国文化的丰富、优秀，激发幼儿热爱祖国的情感。在幼儿期开展中华优秀传统文化教育，培养儿童文明修养，产生对民族文化的亲切感、自豪感，形成归属感、认同感，确立"我是中国人"的观念，必将推进新时代教育改革的发展。

为了让幼儿亲近、热爱中国茶文化，了解中国茶文化常识，形成文化积淀，同时让幼儿养成良好的行为习惯、礼仪行为，我们组织一批优秀的幼教工作者，经过反复实践研究，探索适合儿童的茶艺活动，并基于儿童的生活和兴趣，共同开发了这套符合儿童年龄特点及学习规律的《儿童茶艺指导用书（幼教版）》。本书以茶具、茶叶、茶礼、茶艺四大主题内容为载体，以文化浸润、生活体验、感受表现、有机融合为核心理念，为幼教老师提供适合幼儿园的茶体验活动室、班级区域环境创设模板样间，并专门为儿童研制开发儿童茶套组。同时设计了丰富的教学活动、游戏活动和生活活动，以情感为主导，以行动作指引，调动幼儿多种感官去观察、操作、体验、感受，积极、主动地建构有关茶知识的经验体系，使幼儿养成"动止有方、虚静结合、谦卑有礼、不急不躁"的大气情怀。

中国茶文化博大精深，我们希望通过茶艺课程，让幼儿在行茶中学习茶礼，能知礼、明礼、达礼；从赏茶、备器、泡茶、敬茶到品茶，构建幼儿的秩序感，学会安静与专注，懂得对茶、水、器这些"物"要心存恭敬；从欣赏大自然的茶山、茶乡、茶树、茶叶到茶具的造型、色彩及书法绘画作品，培养幼儿的审美情趣，提升幼儿的审美能力。

儿童茶艺课程体系的研发现处于起始阶段，还存在一些缺陷和不足，恭请茶艺界和幼教界的同行批评指正。

以茶润心，以茶载礼，用茶影响孩子，让孩子影响世界！

编者

2018 年 8 月 13 日

目录

前　言

第一章　茶艺课程概述 / 001

第二章　中华茶之器 / 013
教学活动一　认识公道杯 / 014
教学活动二　认识品茗杯 / 017
教学活动三　我和盖碗做朋友 / 020
教学活动四　歌表演《我是一只小茶壶》 / 023

第三章　中华茶之叶 / 027
教学活动一　香香的茉莉花茶 / 028
教学活动二　茶水小精灵 / 030

生活活动　大家一起来泡水果茶 / 032

第四章　中华茶之礼 / 035

教学活动一　学站姿 / 036

教学活动二　学习鞠躬礼（一）/ 039

教学活动三　学习鞠躬礼（二）/ 042

教学活动四　茶礼童谣 / 045

游戏活动　排排坐 / 048

游戏活动　小朋友来品茶 / 049

游戏活动　小孩小孩真爱玩 / 050

第五章　中华茶之艺 / 053

教学活动一　跳舞的茶叶 / 054

教学活动二　学唱歌曲《泡茶》/ 057

区域活动 / 059

第六章　茶艺活动课程资源 / 061

2

第一章

茶艺课程概述

本部分包含文化背景、核心理念、体系架构、评价方法及实施建议。教师可以通过阅读本部分内容，系统地了解本书的宗旨。在组织教学活动中，教师可将四大主题内容与幼儿园基础性课程进行融合，也选择适宜的活动融合在每周活动中实施，还可根据基础性课程主题、班级实际情况、幼儿兴趣需求调整一日活动安排，开展各类活动。

一、文化背景

习近平总书记指出，优秀传统文化是一个国家、一个民族传承和发展的根本。中华传统文化博大精深，学习掌握各种优秀传统文化，对树立正确的世界观、人生观、价值观都非常有益处。自2010年以来，教育部先后通过和印发了《完善中华优秀传统文化教育指导纲要》《关于实施中华优秀传统文化传承发展工程的意见》等文件，通过举办"寻找最美少年"大型公益活动、中华优秀传统文化网络知识竞赛等活动，把大力发展中华传统文化以及传统文化进校园作为固本工程和铸魂工程来抓。弘扬优秀传统文化，要有所选择，不断创新，认真汲取中华优秀传统文化的思想精华和道德精髓，坚定文化自信，努力实现中华传统美德的创造性转化、创新性发展。

茶文化是中国优秀传统文化的精髓，是中国人文精神的重要组成部分，体现了中国传统文化丰富、高雅、含蓄的特点。中国，是茶的故乡。茶乃中国人生活开门七件事（柴、米、油、盐、酱、醋、茶）之一，以茶为生，以茶明志，以茶会友，以茶待客，以茶施礼，以茶敬祖。茶是文人眼中的七件宝（琴、棋、书、画、诗、酒、茶）之一，从古至今，文人墨客不仅酷爱喝茶，还经常在诗词中描写和歌颂茶，留下了与茶有关的茶文、茶经、茶画等。

教师进行茶修，可以"以茶养德"，修品行、修心态、修智慧，在生活、工作中能时时澄明、自我觉知、自我修正，以达到内外兼修的美好境界。儿童茶艺课程，通过唤醒、激发、熏陶、浸润等方式，让幼儿了解茶叶（种类、历史故事、生长）、茶具（种类、名称、功能）、茶礼（礼仪、仪态）、茶艺（行茶、茶席美学、茶曲、环境）等茶文化的启蒙内容，在感知、体验和操作中进行内化于心、外化于形的文化熏陶，在高雅有趣的茶艺活动中将礼仪、礼节、礼貌融为一体，在幼儿幼小的心灵中播撒一颗"真善美"的种子，使其拥有恭敬之心、敬畏之心，培养有中国根、中国心、中国情的中国娃。

启蒙教育是中华优秀传统文化传承发展的"第一棒"，是"精神之根"的工程。以茶为载体的课程，要遵循幼儿身心发展特点、认知规律及学习特点，用儿童喜闻乐见的方式将茶文化精髓有机融合到生活中、游戏中和学习中，将蕴含博大精深的中国传统文化的"茶"种子埋在孩子们幼小的心田，将文脉传承和立德树人一体化，形成奠基幼儿后继学习和终身发展的优良学习品质。

二、核心理念

（一）文化浸润

"和"与"美"是中国茶文化的精髓。"和"是"以和为贵""和而不同"的中华文化的本质，也是茶文化的核心，"和"体现的是人与人、人与自然、人与社会以及人自我心灵的和谐关系。阴雨天不能采茶，天气晴好方可采摘；在制茶进程中，焙火不能太高，也不能太低，而要恰如其分；沏茶时，投茶量要适中，投多则茶苦，投少则茶淡；分茶时，要用公道杯给每位客人分茶，茶汤才会不偏不倚……这些都表现了一个"和"字，所以说"和"是茶道的精髓。而"美"，是茶文化追求的最高愿景，是天地人、茶水情在"天人合一""和而不同"哲学境界上的共同升华，是纯美茶叶和精美茶园的自然之美，是茶具的观赏之美，更是体现修养和修炼之功的茶韵之美。让幼儿接受茶文化的浸润，就仿佛种下一颗种子，这颗种子里包裹着恭敬、感恩、敬畏、包容。在沏茶、赏茶、闻茶、饮茶、品茶的过程中，幼儿逐渐理解、感受茶文化的精神内涵。通过茶文化的生活体验、游戏活动，幼儿从思想到行为都接受中国文化的熏陶，充满作为中国人的文化自信。

（二）生活体验

课程应以幼儿的发展为核心，而生活化是幼儿园课程的根本特性。《纲要》中也反复强调幼儿在生活中学习，在学习中生活。它既体现在活动内容的选择上，也体现在课程的组织形式上。茶，与成年人的生活息息相关，但与幼儿的生活还有距离。通过引导幼儿观察生活中长辈沏茶、饮茶，激发幼儿对茶的兴趣，学习茶文化知识、行茶及茶道礼仪，感受茶文化，体验茶文化。一是在学习方式上，让幼儿多以生活体验的方式进行赏茶、备器、泡茶、敬茶、品茶，熏修茶道礼仪。二是让茶道礼仪融入生活，如幼儿在奉茶时要懂得称呼礼仪，要双手奉茶，要说"请喝茶"，懂得续茶时要先人后己，知道敬茶时要长幼有序，先敬长者等，建立积极健康的人际关系，在生活体验中完成茶文化的学习。

（三）感受表现

茶之美无处不在：茶山茶乡茶树茶叶的天然淳朴之美，茶具的形态表面之美，品茶赏茶的优雅意境之美。茶艺活动，可以让幼儿懂得生活，学会审美并能大胆表现美。幼儿通过语言表达自己发现的美，用动作传递对美的感受，通过创作表现对美的理解，在不同形式和途径中表达，加深对茶文化的认识和理解，从而使幼儿的语言表达、动手操作、创造性表现等方面的能力得以发展，并在感受、表现过程中，养成大方得体、舒缓优雅的风度和气质，如女孩的淑女之德和男孩的中正之气。

（四）有机融合

幼儿对茶文化的认知不是割裂的，是多个领域的有机融合，如认识茶具，有对茶具名称、特征、材质认知的科学活动，有欣赏茶具、表现茶具的艺术活动，有学习执杯礼仪、敬茶礼仪的社会活动等。幼儿对茶文化的认知也是多种感官感知的有机融合，幼儿通过听、看、说、闻、触摸、体验等，获得完整的茶文化的经验。

三、体系架构

（一）目标体系

总目标：以茶为载体，基于幼儿生活，以幼儿喜闻乐见的形式渗透茶文化的精髓，让幼儿喜欢、接纳，并在幼儿心灵中播下一颗真善美的种子，培养幼儿良好的行为习惯，树立民族文化的亲切感、归属感，形成文化自信。

类别	总目标	分年龄段目标
茶具	1. 激发幼儿对茶具文化的喜爱，了解茶具的种类、名称、材质及功能。 2. 感受茶具的形态之美、表面之美、生活之美，初步提升幼儿的审美能力。 3. 培养幼儿良好的行为习惯，懂得爱护茶具，物归原处。	**小班** 1. 认识品茗杯、盖碗、公道杯，知道它们的名称、材质、用途。 2. 喜欢摆弄、探究品茗杯、盖碗、公道杯，并知道取放时应小心。 3. 对感兴趣的物品能仔细观察，发现其明显特征，具有初步探究的能力。 4. 熟悉《小茶壶》的歌曲旋律，理解歌词内容，知道茶壶的造型特征。 5. 能够积极参与，能模仿并学唱歌曲，尝试用动作表现不同茶壶的形态。 **中班** 1. 认识茶套组，知道它们的来历、功能、名称。 2. 能对各种不同材质的盖碗进行观察比较，发现其相同和不同之处。 3. 在欣赏茶套组时，关注其色彩、形态等特征。 4. 能运用绘画、手工制作等方式对茶套组进行艺术表现。 **大班** 1. 喜欢观察并乐于动手动脑，发现陶土茶具、瓷质茶具、玻璃茶具的不同之处。 2. 知道不同的茶具适合不同的茶类。 3. 简单了解养护茶具的方法，并尝试清洗茶具。 4. 知道喝完茶要清洗茶具，懂得爱护茶具，养成良好的收纳整理茶具的习惯。

续表

类别	总目标	分年龄段目标
茶叶	1. 激发幼儿对茶叶的兴趣和主动探究的欲望，了解茶叶的用途、功效特点。 2. 丰富对茶叶的情感，懂得以茶待客的恭敬之心，领略中华传统美德，感受茶文化的魅力。 3. 了解茶叶的起源和茶文化的悠久历史，培养幼儿民族自豪感。	**小班** 1. 喜欢接触茶叶，愿意主动了解茶叶的相关知识。 2. 在玩茶做茶的过程中，能够乐在其中。 **中班** 1. 通过多种感官，能对茶叶进行观察比较，发现其相同和不同之处。 2. 能够说出几种常见的中国十大名茶的名称，尝试讲述其传说故事。 3. 了解茶叶的生长变化及制作工艺，愿意主动搜集有关茶叶的信息。 **大班** 1. 能够区分六大茶类，了解其不同种类茶叶的特征。 2. 欣赏艺术作品，运用绘画、粘贴、手工制作等多种方式，了解茶叶的不同表现形式，获得愉悦的情绪体验。 3. 通过泡茶、赏茶、闻茶、饮茶、学习茶礼，增进同伴之间友谊，产生对茶叶的恭敬心，感受茶文化的魅力。
茶礼	1. 增强幼儿的自尊、自信，培养幼儿积极友善的态度和行为，激发幼儿热情好客、礼貌待人的情感。 2. 教育幼儿遵守日常生活礼仪，感受中华礼仪之邦的魅力。	**小班** 1. 保持正确的坐姿和站姿，习茶时保持平和的心态。 2. 保持良好的精神面貌，注重仪容仪表。 3. 懂得基本的茶礼貌用语，能大方地与人打招呼。 4. 愿意表达自己的想法，能口齿清楚地说出自己想说的事。 5. 习茶中注意倾听并能理解对方的话。 6. 愿意和小朋友一起游戏，能与小朋友友好相处，遵守游戏规则。 7. 尊重长辈，对他人有恭敬心。

续表

类别	总目标	分年龄段目标
茶礼		**中班** 1. 乐意与人交往，礼貌、大方，对人友好。 2. 喜欢参加各种茶活动，在活动中快乐、自信。 3. 喜欢诵读《弟子规》《茶经》，懂文明，知礼仪。 4. 愿意为大家分茶、请茶，懂得相应的礼节。 5. 知道习茶的基本礼仪，能按基本的礼仪规范自己的行为。 6. 对长辈有恭敬心。
		大班 1. 保持正确的坐姿、站姿和走姿。 2. 能有序、连贯、清楚地讲述茶经、茶诗、茶儿歌，感受其韵律美、意境美。 3. 懂得接纳、尊重他人，知道茶文化是中国的传统文化，为自己是中国人而感到自豪。 4. 能用基本准确的节奏和音调唱茶歌谣。 5. 积极参与艺术活动，愿意用表情、动作、语言等方式表达自己的理解。 6. 喜欢艺术活动，能用自己喜欢的方式大胆表达自己的感受与体验。
茶艺	1. 激发幼儿对茶艺的热爱，感受具有浓郁民族特色的中国茶文化。	**小班** 1. 喜欢听茶歌、看茶舞、赏泡茶。 2. 能被古色古香的茶环境、器具所吸引。

续表

类别	总目标	分年龄段目标
茶艺	2.丰富幼儿的生活体验，感受茶艺多姿多彩、充满生活情趣的魅力。 3.培养幼儿在行茶、品茶过程中感受美好意境的能力，提升审美情趣。	**中班** 1.乐于欣赏跟茶相关的歌曲，愿意参加舞蹈表演。 2.初步了解茶席布置的美感和秩序，喜欢茶艺环境的优雅、质朴。 3.初步了解行茶十式的表现形式。 **大班** 1.学习行茶十式，掌握盖碗的泡茶方法，能用行茶十式来表现茶艺的美。 2.愿意给伙伴和家人泡茶，感受茶之美、茶之礼、茶之韵、茶之味。 3.在看茶、识茶、泡茶、品茶过程中，感受茶文化特有的生活情趣，了解中国茶文化，萌生民族自豪感，乐于传承茶文化。

（二）内容体系

本课程方案根据已经确定的目标体系，选择幼儿园课程的内容。根据《纲要》精神，幼儿园茶文化教育的内容是启蒙性的，根据茶文化的内涵划分为茶之器、茶之叶、茶之礼、茶之艺四大版块，各版块的内容都应促进幼儿身体、社会性、认知能力、语言表达、艺术表现等多方面的发展。教育活动内容的选择体现茶文化特点，在教学方法上注重生活化、游戏化、趣味化，符合幼儿学习与发展的特点，使课程内容既有传统性、文化性，又具有趣味性和适宜性。

（三）实施体系

1. 理解茶文化理念。在使用和实施本课程时，要注重对茶文化理念的学习和理解。理念是课程的灵魂，教师要认同茶文化理念，并将茶文化理念内化于心，外化于形，才能更好地实施课程。

2. 重视四大版块内容的横向联系。茶之礼、茶之艺、茶之叶、茶之器四大版块之间是相互关联的，由此及彼，延伸扩展，自然地连成一体。如认识茶具时可以渗透茶艺，认识茶叶时可以融入茶礼，从而帮助幼儿从不同层面完成学习，系统化地建立对茶文化的感知与学习。

3. 关注幼儿生活体验。茶文化课程要融入幼儿生活，不是让幼儿生硬地模仿和认知，而是让幼儿先体验，在体验中感受，在体验中认知。通过还原幼儿的生活，帮助幼儿将零散的知识生活化。

4. 注重环境对幼儿的影响。在茶文化对幼儿的浸润过程中，环境的创设及氛围的营造必不可少。陈鹤琴先生说过："儿童教育要取得较大的效益，必须优化环境。"因此，环境是重要的教育资源，可利用园内外环境中的有效资源，促进幼儿对茶文化的感知。如在区角中布置各种精美茶席、茶具，投放各种茶叶，播放适宜的音乐，让幼儿随时随地能跟随茶香感受茶的美、雅、静。

（四）评价体系

教育评价是幼儿园教育的组成部分，是对教育实践的成效及价值做出判断的过程。做好评价工作，首先要树立科学的评价观，遵循评价的原则，采用多种评价方法。要充分理解和尊重幼儿的个体差异，让幼儿按照自己的节奏发展。对茶文化课程的评价要体现茶文化的特点，可以从以下几方面进行评价：

1. 活动目标、内容、教学方法是否符合幼儿年龄特点。

2. 教育内容及教学方法是否能激发幼儿对茶文化的兴趣。

3. 幼儿是否能在日常生活中实施行茶礼仪。

四、实施建议

在博大精深的中国传统文化中，茶文化不过是沧海一粟，但却占据着重要的位置。在幼儿园实施教学过程中，茶文化课程是为了丰富幼儿园课程，不能替代主题课程。为了让幼儿园更好地实施本课程，既不影响主题课程的实施，又能让幼儿"润物细无声"地浸润茶文化，特提出以下建议，仅供参考。

1. 设每周"品茶日"，教师为幼儿冲泡各种茶，或让幼儿用不同材质的茶具品茶，或让幼儿尝试行茶。幼儿在这一天与茶亲密接触，感受茶的沉静与高雅，熏陶茶文化的"和"与"美"。

2. 创设自然、清新、雅致的环境，营造高雅、悠然、和谐的氛围，让幼儿获得精神愉悦，体味高雅的品茗情趣。如配上韵律优美的中国古典名曲作为背景音乐，把茶的自然美渗透进幼儿的心灵，引发幼儿心中美的共鸣，让幼儿深切地感受高雅、温馨的气氛。

3. 本课程注重在生活中的渗透与延伸。要积极争取家长的配合，如让小班和中班幼儿在家中为长辈或客人敬茶，大班幼儿可以在家中为长辈或客人行茶等。

4. 依据幼儿年龄特点实施本课程。小班每周1课时，中班每周1~2课时，大班每周2课时。对于方案中提供的活动设计可根据本班幼儿对活动的兴趣和理解，灵活掌握课时。

5. 本方案中的活动设计只作为课程实施的参考，教师可根据自己对茶文化的理解和本班幼儿实际进行调整，通过实践、反思、改进、再实践，不断完善，实现自我成长。

6. 幼儿行茶可使用专为儿童设计的行茶套组。套组中茶具和茶席的设计要符合儿童年龄特点，如盖碗碗口和碗底的设计方便幼儿双手执碗及出汤，品茗杯的大小及高矮能让幼儿握于 2/3 处而不烫手，方便幼儿自如地进行行茶。

7. 课程资源中提供了适合幼儿倾听及诵读的《茶经》《诗经》《弟子规》等音频，以及中国古曲音乐，可引导幼儿在每天固定的时段进行欣赏跟读，如午休前或进餐时，使幼儿在耳濡目染中被厚重的文化内涵所滋养。

第二章

中华茶之器

教学活动一　认识公道杯

设计意图：

公道杯又叫匀杯，形状和没有嘴的敞口茶壶很像，是一件盛茶的茶具，也是我们为幼儿准备的"行茶套组"中很重要的一部分。公道杯的作用是均衡茶汤浓度，用来均分茶汤。为了让幼儿更直观地了解公道杯的外形特征及功用，引导幼儿对茶的兴趣，特设计了本节教学活动。

活动目标：

1. 喜欢观赏泡茶，爱惜公道杯，学习轻拿轻放、物品归位。

2. 了解公道杯的外形、名称及用途，知道公道杯是用来均分茶汤的茶具。

活动准备：

1. 物质准备：实物——公道杯、品茗杯，课件《认识公道杯》、泡茶视频、行茶套组、背景音乐《茶》、音频《公道杯的传说》。

2. 经验准备：活动前幼儿对喝茶有一定的了解，知道喝茶用茶具泡茶。

活动过程：

一、倾听故事音频《公道杯的传说》。

提问：你们见过公道杯吗？

二、教师播放课件，请幼儿观察三种不同材质的公道杯。

提问：公道杯是什么样子？公道杯是用来做什么的？

三、观赏泡茶视频，初步了解公道杯如何分茶。

提问：茶艺师是怎样分茶的？为什么叫公道杯啊？

教师小结：使用公道杯倒茶，是为了均匀茶汤，避免每个人喝到的茶滋味不一样。"公道"一词很形象地表达了对客人的尊重。在客人比较多的情况下，往往一泡茶汤不够分，可以将两泡茶汤混合在一个公道杯里，再给客人斟茶。

四、幼儿尝试用公道杯分茶，体验分茶的乐趣。

1. 播放背景音乐，教师为幼儿泡茶，幼儿观看。

2. 幼儿实物操作，用公道杯分水。

建议：可先空倒，然后加温度适宜的饮用水进行练习。

要求：轻拿轻放，使用完要物归原位。

小结：泡茶有讲究，里面有很多小秘密。如果用茶壶泡茶，会出现前面茶水淡、后面茶水浓的现象，有了公道杯就可以将茶汤倒入公道杯，再分给饮茶人，茶杯里的茶汤味道就一致了。另外，用公道杯分茶讲究的是要分得公平。有了公道杯，喝茶更有趣了。

活动建议：

1. 创设茶体验区域，投放茶套组中的三件茶具——盖碗、品茗杯及公道杯，并粘贴相应的图片。

2. 在一日生活中，教师可以扮演茶艺师，给幼儿泡茶，引发幼儿对茶的兴趣，关注茶具的种类。

活动资源：

公道杯的传说

传说，在古代有一个人制出一种九龙杯，用来进贡给皇上。皇帝看了九龙杯连连夸赞，舍不得放下，就用这个杯子请文武大臣喝酒。皇帝为奖赏几位心腹大臣，便特意为他们把酒杯倒得满满的，而对其他一些不喜欢的大臣，就把酒倒得浅浅的。结果，那几位被皇上特意照顾的大臣一点儿酒都没喝着，酒全都从九龙杯底漏光了，而另外一些大臣都高高兴兴地喝上了皇帝赏赐的酒。皇帝后来才知道这九龙杯盛酒公道。它的神奇之处在于每次只能装半杯酒，如果有人贪心想把酒装满，杯子里的酒就会流出来，一滴不剩。

现代人喝茶的时候，为了让每一个喝茶的人都高兴，也会有一个杯子盛茶汤，然后再公平公道地分给每个人，这样每个人的茶水一样多，味道也一样美。这就是公道杯的故事。

陶瓷公道杯

紫砂公道杯

玻璃公道杯

课件：《认识公道杯》　　音频：《公道杯的传说》

视频：《泡茶》　　背景音乐：《茶》

教学活动二　认识品茗杯

设计意图：

"以茶待客"是我国的传统礼仪，因此应该让幼儿从小了解茶文化，知道以礼待客，友好相处，感受茶文化的"和、美"魅力。现代家庭，待客少不了喝茶，多数幼儿见过长辈们喝茶，但对于茶具知识了解甚少。本课设计以认识品茗杯为内容，让幼儿感受小茶具中的大学问。

活动目标：

1. 对品茗杯感兴趣，知道它是易碎物品，要小心取放。

2. 能说出品茗杯的名称，了解其外形特征及用途，知道品茗杯是品茶的专用茶杯。

活动准备：

白瓷、玻璃、紫砂材质的品茗杯（人手一只），行茶套组，课件《认识品茗杯》，背景音乐《鸥鹭忘机》。

活动过程：

一、邀请幼儿参加品茶会。

1. 播放背景音乐，教师行茶，幼儿观赏。

提问：小朋友们，老师泡茶都用了哪些茶具？你能说出它们的名字吗？

2. 幼儿自主选择品茗杯品茶。

提问：茶水好喝吗？是什么味道的？知道你们喝茶用的杯子叫什么名字吗？

二、观察品茗杯的形状，触摸不同材质，了解其功能。

1. 播放课件，展示不同材质的品茗杯图片。

提问：这些喝茶的杯子有一个好听的名字，叫品茗杯。"品"就是喝的意思，"茗"就是茶，合起来就叫"品茗杯"。

2. 了解品茗杯的种类及材质，知道要爱护茶具。

提问：你们看见的品茗杯是什么样子的？知道是用什么做成的吗？我们应该怎么爱护它？

小结：为了更好地品茶及观赏茶的汤色，品茗杯很多都选择用白瓷、紫砂或者玻璃等制作而成。这种材质很容易摔碎，所以我们要爱护它。

三、再次品茶，让幼儿模仿执杯方法，初步感受执杯礼仪，并指导幼儿将用完的品茗杯送回原处。

小结：用品茗杯喝茶的时候要注意礼节，手不要碰杯口，要讲究卫生。

小朋友们回家以后，可以把学到的知识分享给爸爸妈妈。

活动建议：

教师可为幼儿准备不同种类、图案的品茗杯，方便幼儿观察了解。

活动资源：

1. 搜集各种材质的品茗杯。
2. 观察品茗杯的图片。

课件：《认识品茗杯》　　背景音乐：《鸥鹭忘机》

教学活动三　我和盖碗做朋友

设计意图：

盖碗作为泡茶最常用的主泡器，又称"三才碗""三才杯"。我们依据幼儿年龄特点专门设计了一套孩子喜爱、便于操作的行茶套组，其中以盖碗为主泡器。为了更好地认识其名称、结构及使用方法，特设计本次活动，引导幼儿认识盖碗，了解其构成及简单的寓意，激发幼儿对各种茶具的兴趣。

活动目标：

1. 对盖碗泡茶感兴趣，喜欢观茶、品茶。

2. 初步了解盖碗的名称及用途，知道盖碗是上有盖、下有托、中有碗的茶具，可以当茶壶使用。

3. 爱护盖碗，知道轻拿轻放。

活动准备：

1. 物质准备：行茶套组，各种盖碗，课件《我和盖碗做朋友》，背景音乐《梅花三弄》。

2. 经验准备：幼儿对茶具有一定的了解，有过喝茶的体验。

活动过程：

一、出示不同花色的盖碗，引发幼儿兴趣。

提问：小朋友，你们看，老师带来了什么呀？你们知道它叫什么名字吗？

二、出示各种实物盖碗，引导幼儿观察其外形特征及构成。

1. 在桌子上放不同的盖碗，请幼儿摸一摸，看一看，说一说。

提问：谁来说一说，盖碗是什么样子的？

2. 教师播放课件，介绍盖碗的组成及功能。

小结：这是可以泡茶的用具，叫盖碗，由杯盖、杯身和杯托三部分组成。起初，人们把它当茶杯使用，后来发现盖碗作为茶壶使用可以欣赏泡开后的叶底，还能看见茶汤的颜色，清洗起来也方便，于是盖碗就变成了冲泡茶叶的器具。

三、播放背景音乐，教师用盖碗为小朋友泡白茶，幼儿观赏教师泡茶，感受行茶的魅力。

1. 观赏盖碗泡茶的过程，引导幼儿观看盖碗里茶叶的变化及茶汤的颜色。

2. 幼儿用品茗杯品茶，学些执杯喝茶的礼仪。

四、请幼儿把盖碗送到指定位置，提醒幼儿爱护茶具，轻拿轻放。

活动建议：

1. 在茶体验区域中增加盖碗 3 套，墙饰上增加盖碗的结构图，供幼儿观察了解。

2. 一日生活中，教师注意对幼儿渗透爱护茶具的教育。对于易碎物品，要轻拿轻放，养成用完物归原处的好习惯。

活动资源：

盖碗泡茶的要点

1. 茶盖小于茶碗，且上大下小，注水方便，易于让茶叶沉淀于杯底，且添水时茶叶翻滚，易于泡出茶汁。

2. 上有隆起的茶盖，而盖沿小于盅口，不易滑跌，便于凝聚茶香，还可用来遮挡茶沫，饮茶时不使茶沫沾唇。

3. 有了茶托不会烫手，也可防止从茶盅溢出的水打湿衣服，因而以盖碗茶敬客更具敬意。

课件：《我和盖碗做朋友》　　背景音乐：《梅花三弄》

教学活动四　歌表演《我是一只小茶壶》

设计意图：

茶壶是中国独有的泡茶用的茶具，种类繁多，造型独特，带嘴儿、有把儿，还有圆圆的肚儿，深受孩子们的喜爱。歌曲《我是一只小茶壶》节奏鲜明，曲调活泼，歌词风趣形象，以拟人的方式赋予小茶壶生命，适合小班幼儿年龄特点，能激发幼儿表演的热情。幼儿在唱唱、跳跳、玩玩中感知茶壶的造型，给予幼儿想象、创造和自由表现的空间，萌发对茶壶的喜爱之情。

活动目标：

1. 熟悉歌曲旋律，理解歌词内容，学习演唱歌曲。

2. 喜欢用肢体动作表现不同茶壶的形态，感受歌曲风趣、活泼的情趣及表演的乐趣。

活动准备：

课件《我是一只小茶壶》，茶壶、茶杯头饰。

活动过程：

一、课件导入，激发幼儿兴趣。

提问：小朋友们，你们知道它是谁吗？

播放小茶壶的介绍：大家好，我是小茶壶，是专门泡茶的器具，你们看我长得好看吗？有一首歌就是专门唱我的，你们想不想听一听啊？

二、欣赏歌曲，熟悉歌曲旋律，理解歌词内容。

提问：小茶壶什么样子呢？歌曲里是怎么唱的？

三、学习演唱歌曲，尝试用动作表演歌词。

1. 教师完整演唱歌曲。

2. 幼儿分句学唱歌曲。

3. 幼儿演唱歌曲并尝试表演。

提问：茶壶的壶把怎么表现？壶嘴呢？我们一起来学学小茶壶胖胖的样子吧！

四、做游戏：我是一只小茶壶。

1. 幼儿选择头饰，扮演角色，边唱边表演。

玩法：选择茶壶的小朋友表演动作，选择倒水的小朋友演唱歌曲，当唱到"当我倒满水，我就喊"的时候，倒水的小朋友做往"茶壶"注水的动作，小朋友一起唱"提起我，倒杯水"。

2. 幼儿对换角色表演唱，鼓励幼儿大胆做动作。

提问：小朋友们，小茶壶要怎么来冲茶呢？

五、结束。

今天，我们变成了小茶壶，大家还可以变成其他的茶具试着唱一唱、跳一跳，也可以邀请你的好朋友一起来玩一玩这个有趣的游戏。

活动建议：

1. 在茶体验区域中提供3~5个不同材质、图案的茶壶，供幼儿操作观赏。

2. 在美工区中投放茶壶的轮廓图片，请幼儿尝试装饰茶壶。

活动资源：

我是一只小茶壶

1=2/4　　　　　　　　　　　　　　选自《外国儿童歌曲100首》

1 2 3 4 | 5 i | 6 i | 5 - | 4. 4 | 3 3 | 2 23 | 1 - |
我 是 小小 茶壶 矮又 胖， 这是 把手 这是我 嘴，

1 2 3 4 | 5 i | 6 i | 5 - ‖: i. 5 | 5 4 | 3 2 | 1 - :‖
当我 灌满 开水 我就 喊 "提起 我， 倒杯 水"。|

课件：《我是一只小茶壶》

第三章

中华茶叶

教学活动一　香香的茉莉花茶

设计意图：

小班幼儿对茶叶的认识还处于初步阶段，经验浅显，为激发幼儿对茶叶的兴趣，我们选择一种常见的再加工茶——茉莉花茶，以它作为切入点，调动幼儿闻、看、摸、品，对茉莉花茶有所认识。

活动目标：

1. 知道茉莉花茶是吸收茉莉花香制成的茶叶，初步感知茉莉花茶的形状、颜色及味道。

2. 喜欢闻茉莉花茶的香味、品茉莉花茶的味道，萌发对茶叶的兴趣和探究欲望。

活动准备：

1. 物质准备：茶罐，茉莉花，茉莉花茶，背景音乐《茉莉花》，音频《茉莉花茶的传说》，茶具一套，茶杯每人一个。

2. 经验准备：了解茉莉花的形状、颜色及气味。

活动过程：

一、闻茶香，猜名称。

1. 出示茶罐，请幼儿观形、闻香、猜名。

2. 提问：猜，这是什么？闻一闻，是什么味道？知道它叫什么名字吗？

二、听故事，品魅力。

1. 教师讲述传说故事：《茉莉花茶的传说》。

提问：你知道是谁化成一团热气进入茶中的吗？（手捧茉莉花的美貌姑娘）

三、观特征，谈感受。

1. 教师将茶叶倒在盘子中，请幼儿观察茉莉花茶的外形特征。

提问：茉莉花茶是什么颜色的？形状是怎样的？

2. 摸一摸，闻一闻，感知茉莉花茶茶叶的特点。

提问：它是软软的，还是硬硬的？什么味道？

小结：茉莉花茶是由茶叶和茉莉花进行拼合、窨制而成。茶香与茉莉花香融合在一起，既有茉莉花的香气，又有茶叶的清香。品上一口茶，能感受到春天的气息。

四、赏茶艺，品茶香。

1. 幼儿欣赏教师泡茶。（播放古琴音乐《茉莉花》）

2. 请小朋友观察，茶叶泡在水里后，有什么变化？茶水的颜色又是怎样的？

3. 请幼儿品茶，谈谈茉莉花茶的味道。

教学资源：

音频：《茉莉花茶的传说》　　　　背景音乐：《茉莉花》

附故事：

茉莉花茶的传说

传说，茉莉花茶是北京一个叫陈古秋的茶商发明的。有一次，陈古秋去南方买茶叶，在路边遇到一个采茶的女孩，这个女孩的爸爸因为穷，没钱治病去世了。陈古秋很同情她，就给了女孩一些钱，女孩为了感谢他，送给陈古秋一包茶叶。陈古秋回到家，准备品尝这包茶叶，冲泡时，碗盖一打开，先是香味扑鼻，然后在一团雾气中看到一个女孩手里捧着一大束茉莉花。陈古秋得到启发，把茉莉花放在茶叶中，从此便有了十大名茶之一——茉莉花茶。

教学活动二　茶水小精灵

设计意图：

不同的茶叶冲泡后会出现不同的颜色，为了让小班幼儿感受茶水的不同色彩，设计了"茶水吹画"活动。吹画活动，操作方便，而画面变化无穷，能够调动幼儿创作的积极性，引发幼儿丰富的想象力。而且在作画过程中，能够了解不同茶水的颜色，从而调动幼儿对茶叶的好奇心和兴趣。

活动目标：

1. 体验吹画活动中画面不断变化的过程，感受吹画创作过程中带来的乐趣。

2. 初步了解吹画艺术，运用茶水流动作画，感受茶水的不同色彩。

活动准备：

提前泡好红茶、绿茶、普洱茶、吸管、小勺、油画棒、绘画纸、各种小眼睛及不同表情嘴的图片，投影仪，音频《茶水小精灵》，茶水吹画作品图片。

活动过程：

一、出示三杯提前泡好的茶水，请幼儿观察茶水的颜色。

提问：杯子里是什么水？它们的颜色一样吗？有什么不同？

二、了解吹画的过程，学习用茶水吹画。

1. 教师在投影仪下边示范边讲述故事《茶水小精灵》。

提问：小精灵藏在哪里？小朋友们找一找，给它粘上眼睛和嘴巴吧！

2. 幼儿欣赏茶水吹画作品，感受茶水的不同色彩。

3. 教师介绍吹画材料及作画的方法，并提出要求。

小结：先用小勺舀出一点茶水倒于图画纸上，然后用吸管对准茶水均匀吹气，转动画纸，水就会流动起来，继续吹。小朋友们大胆想象，找一找，贴上茶水精灵的眼睛和嘴巴。

三、幼儿尝试吹画，教师巡回指导。

1. 提醒幼儿要讲究卫生，保持画面干净。

2. 三种茶水都可以选择，取量要少，用吸管时要注意气息，平均用力，可以变化角度。

四、作品展示，分享交流。

提问：你最喜欢谁的作品？为什么？你找到了几个小精灵？它们是什么样子的？

活动建议：

将幼儿作品进行展览，鼓励幼儿大胆表达自己作品的内容。

活动资源：

音频：《茶水小精灵》　　　图片：茶水小精灵吹画作品

附故事：

茶水大家族里住着许多小精灵，她们喜欢在一起唱歌、跳舞、做游戏。有一天，绿茶、红茶、普洱茶三个小宝宝，趁着妈妈不在家，悄悄地溜出来，跑到纸上玩起了捉迷藏的游戏。你瞧，绿茶宝宝出来了，左边扭扭腰，右边扭扭屁股，一会儿转个圈，一会儿踢踢腿。红茶宝宝也不示弱，她使劲伸着胳膊，准备藏起来。桌子底下？哎哟，不行，会发现。窗帘后面？这样就看不见我了。普洱茶等不及了，也跑了出来，东藏西躲的。哎哟，这一会儿，都看不见她们了。小朋友，请你们找一找，茶水小精灵在哪里？

生活活动　大家一起来泡水果茶

活动经验：

1. 认识绿茶，了解绿茶有提神醒脑的功效。

2. 乐于自己动手泡水果茶，并从中体验泡茶的快乐。

3. 初步对茶叶及茶饮品感兴趣。

活动材料：

绿茶，切好的苹果、梨、橙子、柠檬等水果，冰糖，温开水，水杯每人一个，茶壶每组一个，课件《绿茶》。

指导建议：

1. 认识绿茶，引导幼儿从茶叶的颜色、形状、硬度、味道等方面进行观察，鼓励幼儿大胆表达。

提问：猜一猜，这是什么茶？它是什么颜色的？形状又是怎样的？摸一摸，是硬硬的，还是软软的？闻一闻，有什么味道？

2. 教师播放课件，向幼儿简单介绍绿茶的功效。

小结：绿茶能提神清心、清热解暑、消食化痰，小朋友喜欢的话可以适当喝一喝。

3. 教师出示切好的水果，请幼儿说一说都有哪些水果。

4. 出示图片，介绍各种水果茶。

小结：我们将茶叶和水果冲泡在一起，可以变成好喝的水果茶。

5. 教师边示范边讲解冲泡水果茶的步骤。

6. 将绿茶和各种水果分发到每个小组，幼儿自己动手泡水果茶，教师做巡回指导。

7. 幼儿介绍自己冲泡的水果茶，大家一起品茶，相互交流。

教学资源：

课件：《绿茶》

第四章

中华茶之礼

教学活动一　学站姿

设计意图：

《3—6岁儿童学习与发展指南》（后简称《指南》）中指出：幼儿阶段是儿童身体发育和机能发展极为迅速的时期，发育良好的身体、愉快的情绪、强健的体质、协调的动作、良好的生活习惯和基本生活能力是幼儿身心健康的重要标志。为有效促进幼儿身心健康发展，帮助幼儿养成良好的坐、立习惯，教师为幼儿创设品茶区域环境，并每周定时为幼儿表演行茶十式，以"茶礼"为媒介，感受茶礼仪的优雅之美，让幼儿了解良好的坐姿、站姿对身体发育的重要性，形成使其终身受益的行为方式。

活动目标：

1. 初步学习正确的站姿。

2. 感受正确站姿给人带来的美感。

活动准备：

课件《小朋友学站姿》，抓拍幼儿平时站姿图片。

活动过程：

一、儿歌导入，引起幼儿兴趣。

1. 教师朗诵儿歌，幼儿欣赏。

2. 请幼儿根据儿歌内容说说自己平时是怎样站的。

二、学习站姿。

1. 教师播放课件，请幼儿欣赏不同的站姿图片（良好站姿、不良站姿）。

提问：你最喜欢谁的站姿？为什么？

小结：良好的站姿不仅能使人看起来大方得体，更重要的是良好的站姿有助于小朋友的身体健康。

2. 教师出示习茶站姿图片。

提问：这张图片和刚才的图片有什么不同？

小结：中国人喝茶、泡茶讲究美，标准的站立姿势看上去更有精神，更美。在平时的生活中，小朋友们也要抬头挺胸，这样会让我们的身体更健康。

3. 教师示范正确的站姿并进行讲解。

三、游戏："请你跟我学站姿"，体验站姿的基本要求。

玩法：教师说口令——"请你跟我×××"（腰挺直，眼平视），幼儿做动作——"我就跟你×××"。

活动建议：

1. 在日常生活中注意幼儿的体态，帮助他们形成正确的姿势。如提醒幼儿要保持正确的站、坐、走姿，发现有八字脚、罗圈腿、驼背等骨骼发育异常的情况，应告知幼儿家长及时就医。

2. 让幼儿懂得知礼、行礼的重要性，并把这种良好的礼仪行为运用到一日生活中。

活动资源：

站姿要求

1. 头正，眼睛平视，嘴巴微闭。
2. 双肩放松，身体挺直，呼吸自然，收腹，挺胸。

3. 双臂自然下垂于体侧，手指自然弯曲。

4. 双手交叉，左手在上，右手在下，置于腹部。

5. 女孩双腿并拢，两脚跟靠紧。男孩两脚微微分开，与肩同宽。

儿歌

小宝宝，练站姿，昂起头，腰挺直。

眼不斜，身要正，像士兵，真精神。

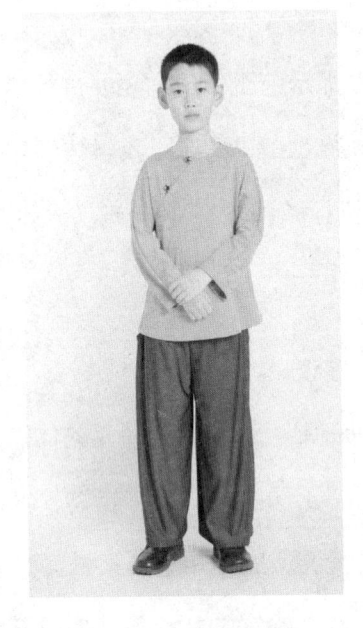

课件：《小朋友学站姿》　　音频：《练站姿》

教学活动二 学习鞠躬礼（一）

设计意图：

《指南》中指出：幼儿应具有文明的语言习惯，教师应为幼儿创造说话的机会并使幼儿体会语言交往的乐趣，可结合情境提醒幼儿一些必要的交往礼节，帮助幼儿养成良好的语言和行为习惯。为了让小班的幼儿了解茶礼仪，教师为幼儿创设品茶区域环境，并每周定时为幼儿表演行茶十式，感受茶礼仪的优雅之美。小班幼儿喜欢模仿，对于老师在行茶中打招呼的方式非常感兴趣，为此，以鞠躬礼的善礼为切入点，让幼儿了解茶礼中的打招呼方式。

活动目标：

1. 懂得鞠躬礼是一种打招呼方式，是有礼貌的表现。

2. 学习鞠躬礼中善礼的行礼方式，知道喝茶前要行善礼相互打招呼问好。

3. 在老师的提醒下，乐于与小朋友行礼，感受朋友之间的情谊。

活动准备：

1. 视频《行茶善礼》，善礼、恭礼、诚礼图片。

2. 行茶套组，茉莉花茶，背景音乐《流水》。

活动过程：

一、谈话导入，引发思考。

提问：1. 小朋友们平时见面都怎么打招呼？

2. 老师在请小朋友喝茶前会做哪些动作？谁来学一下？为什么要做这个动作呢？你知道这个动作叫什么吗？

二、学习鞠躬礼，了解行善礼的正确方式及场合。

1. 幼儿欣赏视频《行茶善礼》，初步感知鞠躬礼。

2. 教师出示图片，引导幼儿观察小朋友行善礼的动作，学习行善礼。

提问：图中的小朋友是怎么鞠躬的？

小结：图中的小朋友行的是鞠躬礼中的一种，叫作善礼。

三、教师播放背景音乐，幼儿赏茶品茶，感受茶礼仪的优雅之美。

1. 行茶之前和小朋友们行善礼问好。

2. 提醒小朋友观茶的时候保持安静也是一种礼貌。

3. 请小朋友们品茶，提醒幼儿注意手执品茗杯时的礼节。

活动建议：

1. 在一日生活中，渗透对茶文化的教育，来园见面时行善礼，培养幼儿懂礼仪、懂礼貌，行事有秩序、有规矩。

2. 结合具体情境，指导幼儿练习基本的习茶礼节。如利用相互问好的时机，鼓励幼儿与他人行善礼。

活动资源：

鞠躬礼的行礼要求

15° 善礼：对于比较熟悉的人日常行礼，茶席间行善礼。

动作要领：双脚脚跟并拢，脚尖自然打开，左手握住右手，女生双手提放于小腹部（男生手贴腿两侧），头、肩、背平直，身体以胯为轴躬身15°。

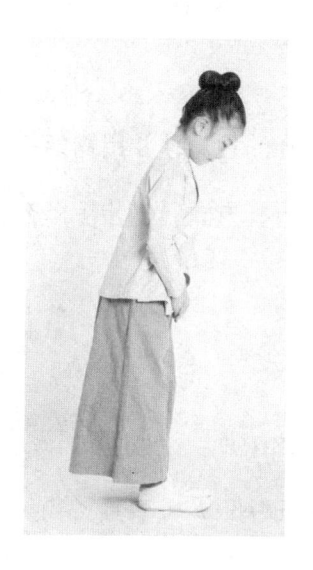

成人鞠躬礼

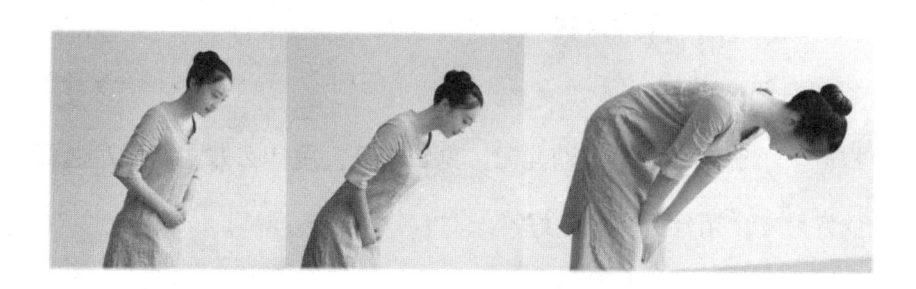

背景音乐：《流水》　　视频：《行茶善礼》　　图片：鞠躬礼

教学活动三　学习鞠躬礼（二）

活动目标：

1. 初步感受中国鞠躬礼的独特，并用鞠躬礼打招呼。

2. 学习恭礼、诚礼的行礼方式，初步了解在不同场合可以行不同的鞠躬礼。

活动准备：

1. 善礼、恭礼、诚礼的图片。

2. 背景音乐《祝你生日快乐》，音频《鞠躬礼》。

活动过程：

一、谈话导入、激发兴趣。

1. 复习行善礼。

提问：小朋友早上来到幼儿园，见到老师，用什么方式问好？遇到了自己的好朋友，用什么方式问好？

二、了解并体验恭礼、诚礼。

1. 出示鞠躬礼的图片，幼儿对比三种鞠躬礼的不同。

小结：图中的小朋友行的都是鞠躬礼。鞠躬礼分为三种，分别是善礼、恭礼、诚礼，每种行礼动作不一样，代表的意义也不一样。

2. 设计情景，了解恭礼、诚礼的含义。

（1）恭礼情景表演内容。

① 教师播放《祝你生日快乐》歌曲，手捧蛋糕对幼儿说："今天老

师带来一个大大的蛋糕（纸泥蛋糕），要送给过生日的朵朵，祝朵朵生日快乐！"朵朵接过礼物，给老师行恭礼表示感谢。

② 小结：恭礼是回礼的一种，对接受别人礼物或道歉时，表示回敬的礼节。

③ 通过游戏"请大家品尝蛋糕"，让幼儿练习恭礼。

指导语：朵朵想把自己的蛋糕分享给小朋友们，拿到蛋糕的小朋友应该怎样做呢？

（2）诚礼情景表演内容。

① 播放升旗仪式入场音乐，请小小升旗手佳佳上台演讲。演讲前，佳佳先为大家行诚礼，表示尊重。台下幼儿鼓掌欢迎。

② 提问：小朋友们，你们刚才注意到佳佳是怎样鞠躬的吗？当你看到佳佳鞠躬时，心里有什么样的感受？

③ 小结：诚礼是见到长辈或在重要场合时行的一种鞠躬礼。大家刚才觉得佳佳鞠躬很有礼貌，你们想不想也向佳佳学习呢？

④ 幼儿模仿诚礼动作，教师指导。

三、游戏：听指挥。

玩法：幼儿与教师一起说儿歌，说完儿歌后，按照老师发出的指令，做出相应的动作。

活动资源：

鞠躬礼的行礼要求

45°恭礼：别人致歉、赠送礼物、入茶席前行的一种鞠躬礼。

动作要领：上身下移，女生双手顺势下滑至大腿根处，男生双手打开，沿大腿两侧下滑至大腿处。

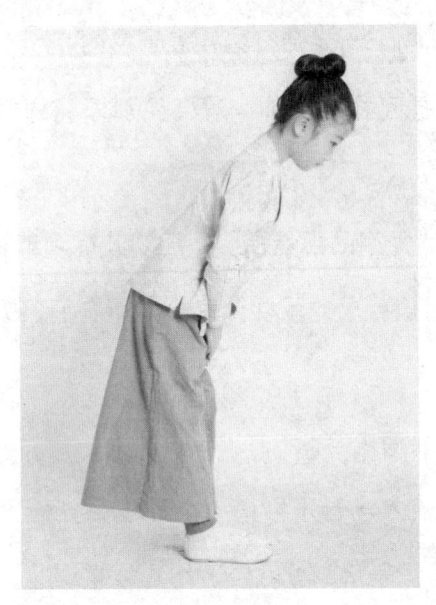

45° 恭礼

90° 诚礼：见到长辈、人多场合、致歉时行的一种鞠躬礼。

动作要领：上身下移，女生双手顺势下滑至膝盖处；男生双手打开，沿大腿两侧下滑至膝盖处。

90° 诚礼

鞠躬礼

小茶童，懂礼仪，相互见面，要行礼。

遇见朋友，行善礼。表示谢意，行恭礼。

见到长辈，行诚礼。这些礼节要牢记。

音频：《鞠躬礼》　　图片：鞠躬礼　　背景音乐：《祝你生日快乐》

教学活动四　茶礼童谣

设计意图：

茶礼，指学习茶艺或奉茶过程中的礼节和仪式。通过传唱童谣，可以让幼儿进一步了解招待客人时要端庄有礼，坐有礼、站有礼。同时也鼓励小朋友经常邀请同伴到家里玩，感受与朋友一起戏耍的快乐。

活动目标：

1. 理解童谣内容，能口齿清楚地说唱童谣。

2. 感受童谣的韵律，模仿童谣中的动作，萌发幼儿懂礼仪的情感。

活动准备：

课件《茶礼》，背景音乐《庄周梦蝶》，音频《我是知礼小茶童》。

活动过程：

一、观看课件，感受坐姿、站姿的基本礼仪。

通过观看课件，了解习茶时的坐姿和站姿。

1. 提问：课件中的小朋友是怎样站的？她的手是怎样摆放的？

2. 提问：课件中的小朋友是怎样坐的？谁来模仿一下？

小结：端坐椅子背挺直，双脚并拢身立直，两手交叉在腹前。

（用童谣中的语句进行小结）

二、学习茶礼童谣，能口齿清楚地说唱童谣。

1. 在音乐的伴奏下，教师有感情地朗诵童谣。

2. 提问：童谣中讲了小朋友在做什么？

3. 教师边表演，边再次朗诵童谣。

通过动作，更生动形象地重现童谣内容。

4. 在音乐《庄周梦蝶》的伴奏下，老师和幼儿共同朗诵童谣。

三、体验茶礼童谣中的坐姿、站姿，懂得做事要懂礼仪。

1. 请部分幼儿先上台进行模仿体验。

其余幼儿说童谣，台上幼儿边说边表演。

2. 全体幼儿分组进行情景表演。

活动建议：

通过学习茶礼童谣，让幼儿懂得基本的坐姿、站姿，并将好的行为举止习惯运用到一日生活中。为进一步巩固童谣的熟练程度，可以在表演区、茶文化区继续开展。

活动资源：

我是知礼小茶童

小茶童，学礼仪，
见面鞠躬问声好。
端坐椅子背挺直，
这样喝茶味道好。

小茶童，学礼仪，
见面鞠躬问声好。
双脚并拢身立直，
人人夸我有礼貌。

课件：《茶礼》　背景音乐：《庄周梦蝶》音频：《我是知礼小茶童》

游戏活动　排排坐

活动经验：

1. 学习端坐和跪坐的姿势，初步了解保持良好姿势对身体有好处。

2. 体验习茶时的坐姿礼节，知道端正坐姿是有礼貌的表现。

活动材料：

1. 背景音乐《采茶舞曲》、音频《排排坐》。

2. 正确的习茶坐姿图片。

指导建议：

1. 谈话：平时小朋友都怎么坐啊？你觉得哪种坐姿好？这样坐有什么好处？

小结：正确的坐姿能保证体格的正常发育，保护视力健康。

2. 幼儿围坐一圈，互相观察同伴间的坐姿，说一说谁的坐姿最好。为什么？

3. 游戏：排排坐（播放背景音乐）。

集体说儿歌《排排坐》，说到"比比谁坐得最最好时"，小朋友坐好不动。老师找一名坐得最好的小朋友，由这名小朋友当小老师。游戏反复进行。

4. 幼儿熟练掌握后也可分小组进行练习，教师巡回指导。

5. 教师鼓励幼儿日常生活中也要养成良好的坐姿习惯。

教学资源：

排排坐

小小椅子一排排，小朋友们坐上来。脚放平，并并拢，上身挺直，肩放松。头要正，向前看，这样坐姿才雅观。小朋友们快坐好，比比谁坐得最最好！

坐姿的基本要求

（1）端坐椅子中央，双脚平放、并拢，上身挺直，双肩放松，头正，目光平视，面部表情自然。女生双手虎口交握（或轻握拳），搭放在双腿中间或者置于胸前（桌沿也可）。

（2）跪坐，即席地而坐，臀部放于脚踝，上身挺直，双手放于膝上，身体直立，目不斜视。这是古代茶人常用的坐姿。

背景音乐：《采茶舞曲》　图片：正确的习茶坐姿　音频：《排排坐》

游戏活动　小朋友来品茶

活动经验：

1. 乐意用肢体动作模仿茶壶、茶杯的样子。

2. 学习使用简单的礼貌用语。

活动准备：

茶壶，茶杯头饰若干，音频《大茶壶，小茶杯》。

游戏玩法：

1. 幼儿两两结合（分成两组），分别扮演大茶壶和小茶杯，边做动作边有韵律地说儿歌。当儿歌结束时，扮演大茶壶的幼儿要有礼貌地对扮演茶杯的幼儿说："你好，请喝茶！"扮演茶杯的幼儿则要说："谢谢！"（也可更换礼貌用语）

2. 交换角色继续游戏。

游戏规则：

1. 扮演大茶壶和小茶杯的幼儿要边做动作边有韵律地说儿歌。

2. 儿歌结束时才能说礼貌用语。

附儿歌：

大茶壶，小茶杯

大茶壶，肚儿圆，
尖尖的嘴巴把水出。
小茶杯，弯弯腰，
咕噜咕噜倒出水。

音频：《大茶壶，小茶杯》

游戏活动　小孩小孩真爱玩

活动经验：

1. 能听口令做动作。

2. 在游戏中要和小朋友友好相处。

活动材料：

茶礼图片。

指导建议：

1. 幼儿欣赏茶礼图片，回顾所学茶礼的动作要领。

2. 游戏：小孩小孩真爱玩。

玩法：将各种礼仪图片放在教室的各个位置上，教师说儿歌，幼儿根据儿歌内容做出相应的动作。例如，教师说："摸摸茶礼图片再回来。"幼儿一起摸摸茶礼的图片，再回到老师跟前站好。游戏反复进行。

3. 教师增加游戏难度。

幼儿掌握游戏规则后，教师可加快说的速度，比比幼儿的反应能力和熟练程度，也可请幼儿发号指令。

4. 教师小结，鼓励幼儿日常生活中也要养成良好的礼仪习惯。

图片：茶礼

第五章

中华茶之艺

教学活动一　跳舞的茶叶

设计意图：

小班幼儿喜欢听音乐，能够随音乐节奏做动作，并喜欢模仿有趣的动作。本次活动联系幼儿生活经验，通过观看视频帮助幼儿初步了解茶叶在水中的形态，引导幼儿能够在音乐中模仿茶叶冲泡时的样子，丰富幼儿对音乐的感受和体验。

活动目标：

1. 喜欢倾听并感受音乐的不同节奏和旋律。

2. 尝试用跳、伸臂、伸腿的动作模仿茶叶被水冲泡时舒展、下沉的样子。

活动准备：

碧螺春茶叶、玻璃杯、热水、音乐《春江花月夜》选段、投影仪、视频《投茶》、视频《热水冲泡茶叶》。

活动过程：

一、幼儿通过投影仪观察茶叶的变化，初步感受音乐的旋律美。

提问：小朋友们，今天老师要泡一杯茶，你们仔细看茶叶泡前是什么样子的，热水冲泡后又是什么样子的。

教师跟随音乐泡茶，请幼儿通过投影仪观察茶叶的状态以及变化。

二、幼儿欣赏音乐，用身体动作表现音乐的节奏。

1. 完整欣赏音乐。

教师根据音乐讲故事《爱跳舞的茶叶姑娘》，帮助幼儿感知茶叶冲泡的形态。

2.欣赏音乐前奏部分，幼儿模仿投茶时的茶叶。

（1）播放《投茶》视频。

提问：小朋友，茶叶姑娘在杯子里是什么样子的？一起模仿一下吧。

（2）请幼儿跟随音乐前奏部分模仿投茶时的茶叶的样子，并进行表演。

3.欣赏第一段音乐(1～13小节)，引导幼儿模仿茶叶慢慢变大的样子。

（1）播放热水冲泡茶叶的视频。

提问：热水姑娘出现了，你们看茶叶姑娘发生了什么变化？谁能模仿一下？

（2）请幼儿用慢慢伸臂、伸腿的动作模仿茶叶慢慢变大的样子。

（3）幼儿跟随音乐表演第一段。

4.欣赏第二段音乐（14～16小节），引导幼儿模仿茶叶沉入杯底的样子。

（1）播放茶叶沉入杯底的视频。

提问：你们看，茶叶姑娘怎么样了？是怎样沉下去的？谁来模仿一下？

（2）请幼儿用动作模仿茶叶下沉的动作。

（3）幼儿跟随音乐表演第二段。

5.完整播放音乐，幼儿随音乐一起模仿茶叶，变身茶叶姑娘跟随音乐做动作。

三、体验活动——品茶，感受音乐与茶融为一体的意境美。

指导语：今天，老师给小朋友们泡的是绿茶碧螺春。这种茶非常有营养，能开胃提神，请小朋友们上来品尝一下吧。

活动资源：

节选自古筝演奏的《春江花月夜》。

$1=C \quad \frac{2}{4}$

(6̲ 61231235 | 6 6 1 26 | 5·6 5 5 6 12 | 3 — |

3 23 5 35 | 6·1 2·3 | 1 23 21 6 | 5 — | 5·1 6152 |

3 — | 3 61 5653 | 2 — | 3·5 6561 | 2 32 1231 | 2 — | 2 0 ‖

附故事：

爱跳舞的茶叶姑娘

茶叶姑娘爱跳舞，每天都练习旋转、伸展，非常刻苦，是小有名气的舞蹈家。你看，今天她又来到了"杯子"这个大舞台，给大家深深地鞠了个躬，然后把身体紧紧地收拢在一起。聚光灯下，她格外美丽。热水姑娘来了，她可是茶叶姑娘形影不离的好朋友。当音乐响起时，她们在一起旋转、飞舞。茶叶姑娘的裙子在水中越转越大，像绿色的花瓣，迷人极了。随着音乐慢慢结束，茶叶姑娘在舞台中静止不动，观众们响起了热烈的掌声。

视频：《热水冲泡茶叶》　　　　　背景音乐1：《春江花月夜》选段

背景音乐2：《春江花月夜》选段第一段　　背景音乐3：《春江花月夜》选段第二段

背景音乐4：《春江花月夜》选段第三段　　视频：《投茶》

教学活动二　学唱歌曲《泡茶》

设计意图：

喝茶，是我们中国人生活的一部分。行礼、摇香、闻香、请茶、品茶等都体现了我们中国茶文化。《指南》中强调，小班幼儿能用声音、动作、姿态模拟自然界的事物和生活情景。《泡茶》这首歌节奏鲜明，旋律欢快，

57

而喝茶、泡茶作为幼儿生活中常见的情景，既能帮助幼儿了解有关茶生活经验，又能激发幼儿喜欢唱歌、愿意用歌声表达的情感目标。

活动目标：

1. 能理解歌词内容，初步学习演唱歌曲。

2. 喜欢音乐活动，能用自然的声音演唱歌曲，感受喝茶是一件快乐的事情。

活动准备：

歌曲《泡茶》，茶叶少许，透明茶壶一个，茶杯若干。

活动过程：

一、游戏导入，初步感受乐曲的节奏。

老师按节奏拍手：× × × | × × × | × × × × | × × × |

　　　　　　　　小朋 友　快快 来　大家 一起　来喝 茶

小朋友们回答：× × × | × × × | × × × × | × × × |

　　　　　　　　× 老 师　我来 了　大家一起　来喝 茶

二、教授歌曲，引导幼儿熟悉歌词并尝试演唱歌曲。

1. 幼儿完整欣赏歌曲，理解歌词内容。

提问：歌曲里唱了什么？

教师出示泡茶基本步骤图片，帮助幼儿记忆歌词。

2. 教师引导幼儿根据歌曲节奏学说歌词。

3. 教师示范演唱歌曲，并分句教唱。

4. 幼儿跟随音乐，轻声跟唱歌曲。

5. 幼儿集体用自然好听的声音演唱歌曲。

三、教师泡茶，幼儿品茶，感受喝茶是件快乐的事情。

1. 教师泡茶，请幼儿观赏茶水冲泡茶叶时翻转飘舞的样子。

2. 幼儿品茶，并说一说茶水的味道，谈一谈喝茶的心情。

活动资源：

泡茶

1=C 2/4 欢快　　　　　　　　词曲：燕盈

(××　×｜××　×｜××　××｜××　×)｜5 5　3｜1 1　2｜

小朋友，快快来，大家一起　来泡茶。　行个 礼，问个 好，

小朋友，快快来，大家一起　来喝茶。　端起 杯，闻一 闻，

1 3　1 1｜2　-｜1 2　3 4｜5　-｜5 4　3 2｜1　-：‖

大家　看一　看，　　茶叶 摇　摇，　　茶叶 飘　飘。

大家　请喝　茶，　　茶水 清　清，　　茶水 香　香。

区域活动

一、角色区：我是小茶人

活动经验：

体验小茶人泡茶时的愉悦心情，能用基本的茶礼来招待客人。

活动准备：

儿童行茶套组，桌椅若干。

活动建议：

1. 根据幼儿的意愿，在教师的帮助下分配好角色。

2. 小茶人尝试泡茶，并用基本的茶礼来招待小客人。

二、表演区：泡茶

活动经验：

能够跟随音乐表演自己喜欢的动作，体会歌曲中泡茶的快乐情感。

活动准备：

歌曲《泡茶》。

活动建议：

1. 讨论如何用动作表达歌词内容，自主表演泡茶过程中的不同动作，如行礼、摇香、闻茶、品茶等。

2. 讨论如何表演才能够体现出歌曲欢快的情绪，可独立或者合作完成表演。

歌曲：《泡茶》

第六章

茶艺活动
课程资源

	活动名称	教师教学资源
茶器	1. 认识公道杯	音频《公道杯的传说》、课件《认识公道杯》、背景音乐《茶》
	2. 认识品茗杯	课件《认识品茗杯》、背景音乐《鸥鹭忘机》
	3. 我和盖碗做朋友	课件《我和盖碗做朋友》、背景音乐《梅花三弄》
	4. 歌表演《我是一只小茶壶》	课件《我是一只小茶壶》、乐谱《我是一只小茶壶》
茶叶	1. 香香的茉莉花茶	背景音乐《茉莉花》、音频《茉莉花茶的传说》
	2. 茶水小精灵	吹画作品茶水小精灵图片、音频《茶水小精灵》
	3. 大家一起来泡水果茶	课件《绿茶》
茶礼	1. 学站姿	课件《小朋友学站姿》、音频《练站姿》
	2. 学习鞠躬礼（一）	善礼、恭礼、诚礼图片、视频《行茶善礼》、背景音乐《流水》
	3. 学习鞠躬礼（二）	善礼、恭礼、诚礼图片，背景音乐《祝你生日快乐》，音频《鞠躬礼》
	4. 茶礼童谣	音频《我是知礼小茶童》、课件《茶礼》、背景音乐《庄周梦蝶》
	5. 排排坐	背景音乐《采茶舞曲》、正确的习茶坐姿图片、音频《排排坐》
	6. 小朋友来品茶	音频《大茶壶，小茶杯》
	7. 小孩小孩真爱玩	茶礼图片

续表

活动名称	教师教学资源
茶艺	1. 跳舞的茶叶	《春江花月夜》选段(一、二、三)，《热水冲泡茶叶》视频，《投茶》视频
	2. 学唱歌曲《泡茶》	歌曲《泡茶》
	3. 区域活动	歌曲《泡茶》

茶文化环境创设

环境创设意图：

幼儿园的环境是影响幼儿身心发展的主要内容之一，能够向幼儿展示各种各样的知识，提供直观而生动的形象，能够激发幼儿欣赏、学习的兴趣，从而作为一种隐性课程，促进幼儿的发展。在创设幼儿园环境时，不但要考虑它的教育性，还应使其与幼儿的年龄特征和本班的教育目标相一致。

茶文化起源于我国，我们要将茶文化的精髓传承给我们的孩子，渗透于幼儿园的活动和环境中。因此，在创设茶文化环境时，我们要结合幼儿的年龄特征和本班的主题特色开设茶文化活动体验区。通过创设丰富的茶文化环境，激发幼儿对茶的兴趣，使幼儿初步接触茶文化，了解茶文化。

小班幼儿年龄小，刚刚离开家庭开始集体生活，所以在小班的茶体验区环境创设中主要体现茶与家的感觉，可以在茶体验区投放一些毛绒玩具，让幼儿在体验区进行"爸爸、妈妈"跟"孩子"喝茶的游戏。

环境创设目标：

1. 通过创设茶文化环境，使幼儿初步了解茶文化中的古朴与雅致。

2. 通过环境渗透主题教育活动和区域活动内容，渗透茶礼，培养幼儿的礼貌行为。

墙面环境创设：

1. 在墙面上粘贴各种茶具的图片，丰富幼儿对茶具的认知。

2. 将正确的站姿、坐姿、鞠躬图片贴于墙面，幼儿可自主练习。

3. 创设区域主题展，对每周主题进行展示。

4. 可将幼儿的茶水画贴于墙面。

茶文化活动体验区材料投放：

水壶、各种材质茶具、多种茶叶及茶叶罐、各种关于茶文化的绘本、各种茶礼的图片、儿童行茶套组、地垫、毛绒玩具、小型绿植和盆景、采茶图示。